弱すぎ古生物　探究学舍 監修

天哪，我居然活下来了！

古生物的演化故事

[日]探究学舍 / 编

丁丁虫 / 译

华东师范大学出版社

上海

弱者的挑战——隐藏在进化中的故事

欢迎观看生物进化的故事。

这本书能送到你们的手里，是因为生命的接力一直持续到我们"人类"。

我们为什么会有眼睛、手臂、大腿？
为什么只有人类直立行走？
恐龙时代，我们的祖先是什么样子的？

回顾生物进化的故事，探索进化的谜团。

在这个故事里登场的，是生活在很久很久以前的各种古生物。

皮卡虫、真掌鳍鱼、三尖叉齿兽……

翻过一页，又会有各种古生物登场。

但是！
这些古生物，好像都不太"能打"。

太弱了，太让人担心了。不过，它们也是不能不管的可爱生物。

它们是我们"人类"的祖先。

为什么大家看起来全都这么弱、这么不能打呢？

这里面恰恰隐藏了进化的秘密。

通往我们人类的进化故事，

其实就是弱者的挑战故事。

生为弱者的祖先，每当遭遇危机的时候，

就会奋力改变形态和外表，努力延续生存。

46亿年的地球历史中，到底有过怎样的危机？

而生物们又是如何渡过那些危机的呢？

请欣赏，生物进化的故事。

探究学舍

天哪，我居然活下来了！

目录
古生物的演化故事
危机就是机会！人类祖先挣扎求生的故事

第1部分

从皮卡虫到人类的5亿年超长"连续剧"

水中激战 篇

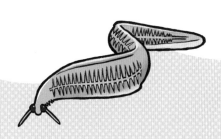

第2部分

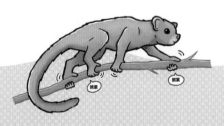

第3部分

第4部分

第5部分

那时候的我可太辛苦了

5次生物大灭绝

关于本书

今天，我们已经无法看到活生生的古生物了。关于生命的进化，有着各种理论，不过本书追求的不是学术上准确的最新内容，而是快乐学习、激发兴趣、促进想象的目的。

开始了哟～

皮卡虫

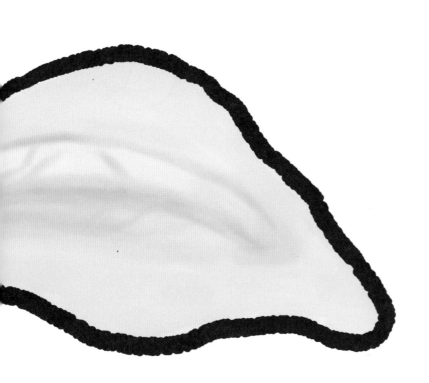

这，就是
5 亿年前
人类的模样

喂喂，

那边的小家伙。

喊你呢，对，就是你……

正在看书的你。

你……是人类吧。

人类啊，记得我吧？

啊……你是不是在想，

这家伙，

是谁啊？！

真是绝情啊。

皮卡虫精灵

我就是你啊。

5亿年前的你啊。

你肯定在想，

啊……瞎说什么呢?

这么想也有道理。

你和我完全不同嘛。

我用了**5亿年,**

才进化成人类。

真是累死了。

危机一个接一个,

真是拼了老命,

才变成人类。

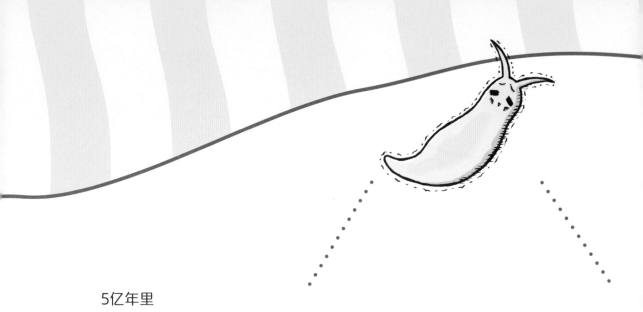

5亿年里

好多好多伙伴都灭绝了。

但是，我进化成了人类。

以前认识我的朋友，都觉得很神奇，

没想到我能变成人类。

因为我实在弱爆了。

啊……确实很"弱"啊！

你肯定也这么想吧。

我真的弱爆了（涓）。

不过，正因为"弱"，才能变成人类。

强大的家伙几乎都灭绝了哦。

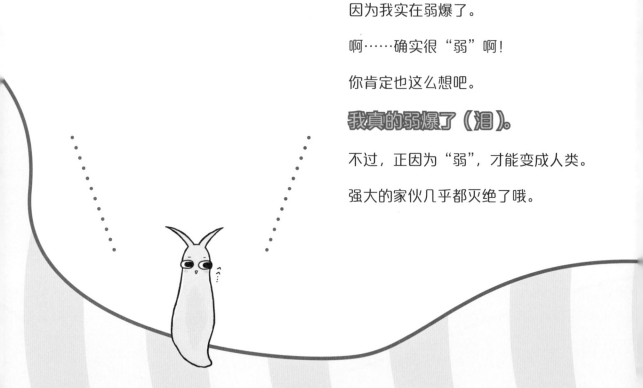

我是怎么变成人类的呢？

那可是一部足有五亿年的

超长连续剧……想不想看啊？

接下来就让我给你介绍吧。

不过先问一下，

你知道进化和灭绝

有什么不同吗？

哦对了对了，我忘了介绍了。

我叫"皮卡虫"（呐，就是精灵啦）。

在今天的地球上，我已经不存在啦。

但我可没有灭绝哦。

我进化变成人类了。

虽然今天的地球上已经没有我了，

但还是先从……

进化的生物和灭绝的

生物开始解释吧！

吃过很多苦头，
终于进化成功，
名字也和以前不一样啦。
总算苦尽甘来了呢！♪
想知道我的故事吗？
请看第76页哦。

「进化的生物」和「灭绝的生物」都不存在于今天的地球，它们的区别到底在哪儿呢？

磷灰兽

进化与灭绝的区别

　　进化，可以比喻成经历了漫长时间的"生命接力棒"。在随着时代和地域不断分支进化的同时，各种各样的生物诞生了。随着化石的发现和研究，新的学说不断诞生，但至今还有许多谜团，在生命进化中存在若干学说。

　　皮卡虫用了5亿年时间，进化成南方古猿。而这些生活在中间时代的古生物们，如今几乎已经不存在了。在本书中，把这些由于进化而改变形态、将"生命接力棒"交给下一代生物的生物，称为"进化的生物"；把那些没有进化而灭绝的生物，称为"灭绝的生物"。

我特别特别强大。
我不断变化，越变越强。
可是……结果我灭绝了。
但是我才不后悔！
想知道我的故事吗？
去看第30页吧！

奇虾

生物为什么进化？

生物随着地球环境的变化而进化。进化是"为生存而努力的证明"，只有努力才能生存下去……生死存亡时的危机，正是进化的动力。

各个时代都有凌驾在生态系统顶点的"最强生物"，但那些生物大都灭绝了。因为它们没有天敌，也不用改变形态去应对环境的变化，不需要为了生存而努力，结果反而无法应付急剧的环境变化，走向灭绝。

另外，相互竞争的物种之间反复发生的进化叫做"协同进化"（共进化）。竞争也是进化的动力。

我不想战斗，我选择逃跑！

第 1 部分

水中

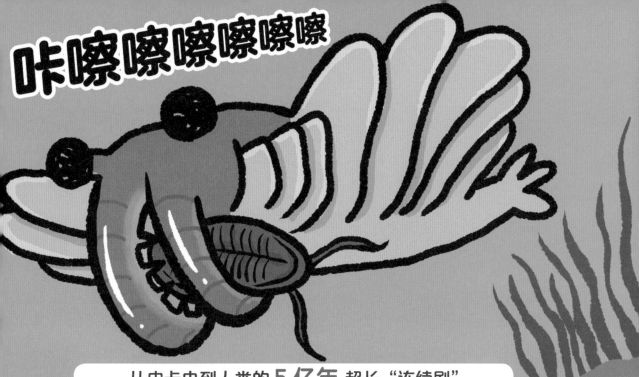

咔嚓嚓嚓嚓嚓

从皮卡虫到人类的 **5 亿年** 超长 "连续剧"

激战篇

这是我还没有上岸时生活在水里的故事哟。

水中激战时

原核生物登场

前寒武纪

约 46 亿年前—5 亿 4000 年前！

从地球诞生到寒武纪的漫长时间，被称为前寒武纪。也有人把它划分成冥古宙、太古宙、元古宙等时期。一般认为，最早的生命诞生在大约 40 亿年前。那是原核生物，DNA 外面没有包裹核膜。原核生物诞生以后，再经过大约 10 亿年，又出现了真核生物。到前寒武纪的后期，环境发生了变化，整个地球表面都冻成了冰。

弱肉强食开始了！

寒武纪

5 亿 4000 万年前—
4 亿 8500 万年前！

这是"生物多样化"大发展的时代，被称为寒武纪大爆发。海洋中出现了有眼睛的动物、有嘴巴的动物、有脊椎的动物，结果就变成了弱肉强食的世界。当年曾经存在过一块巨大的陆地，叫作"冈瓦纳大陆"，包括了今天的大洋洲、南极洲、非洲和南美洲，不过那时候陆地上并没有植物，当然也没有动物。

的地球变化

接下去是石炭纪（第 42 页）

泥盆纪

4 亿 1900 万年前—3 亿 5800 万年前！

在这个时期，出现了具有颌的鱼类，脊椎动物也首次成功爬上陆地。开始出现蕨类植物和种子植物，陆地上出现了森林。

陆地上出现了森林

陆地上出现巨大的菌类

志留纪

4 亿 4300 万年前—4 亿 1900 万年前！

广翅鲎（第96页）、刺尾鲎等动物占据了海洋生态系的顶点，它们被统称为广翅鲎类。这时候的陆地上还没有动物，也没有植物，但开始出现高度近8米的巨大菌类。

约 85% 的生物都灭绝了

奥陶纪

4 亿 8500 万年前—4 亿 4300 万年前！

北半球的绝大部分都被海洋覆盖。气候本来很温暖，但到了奥陶纪后半期，海洋温度急速下降，地球环境发生巨变。当时约有85%的生物灭绝了（第112页）。

那是皮卡虫诞生前的地球往事

地球诞生在约46亿年前。

我（皮卡虫）诞生在约5亿年前。

伟大的科学家给我诞生的时代起了名字，

把它叫做寒武纪。

而我诞生前的时代，

就叫做前寒武纪。

前寒武纪持续了约40亿年，

那真是非常非常漫长的时代。

据我的前辈们说，

前寒武纪是各种生物和平相处的时代。

进化的速度慢悠悠的，

时间也过得慢悠悠的。

生物的连续剧从前寒武纪开始

反正这些都是我诞生之前的故事，

具体怎么样我也不是很清楚啦。

不过前寒武纪的动物好像没有"嘴"。

它们都漂在海里生活，

直接用身体吸收营养成分。

晃晃悠悠地漂在海里，

感觉好舒服呀。

不用担心饿肚子，

也不用担心被天敌吃掉。

真是羡慕死了！

生物的"连续剧"从前寒武纪开始

前寒武纪和我诞生的寒武纪完全不一样。

在我诞生的寒武纪，
强大的动物会捕食弱小的动物，
是个弱肉强食的时代。

这个时代啊，稍不留神就会被吃掉，
所以呢，是变得强大起来，自己成为捕食者，
还是苦练逃跑的本领，让捕食者抓不到呢？

总而言之，在这个时代，
不进化就活不下去。

真是很累很累的时代啊。

我也不知道吃了多少苦头呢。

我从寒武纪诞生，直到变成人类，这5亿年间，
那真是一部经历了无数危机的精彩连续剧。
从下一页开始，就让我给你们介绍吧。

危机
#001

哇！
要被吃掉了！！

寒 武纪里最威风的，是个名叫奇虾的家伙。虽然有不少动物也很强大，但奇虾这家伙特别大。我估计最大的能有1米长。顺便说一句，当时的我体长只有6厘米左右。不过我并不算特别小哦。当时的生物差不多都没有超过10厘米，但是奇虾这家伙体长1米左右，确实很威风。

而且呢，我讨厌打架……可是奇虾这家伙每次看到我就要欺负我。奇虾可不光是大，长得也很可怕。

它的眼睛大得吓人，嘴前面还长着触手。不过……听说它的嘴没有那么大的力气，咬不破硬硬的壳。因为它虽然长着嘴，但没有颚嘛。大概就是这个原因，它才天天盯着软绵绵的我吧。哎，我知道奇虾也是为了活下去，但它总想拿我作食物，对我来说确实很危险啊。说真的，好几次我都以为自己要灭绝了……

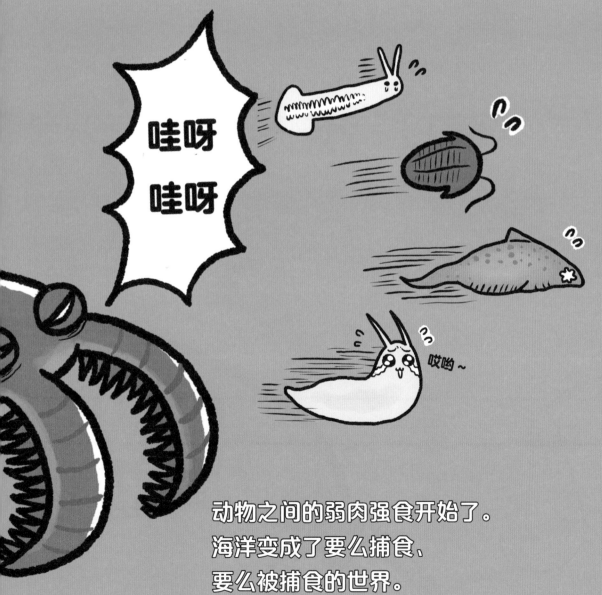

哇呀
哇呀

哎哟～

动物之间的弱肉强食开始了。
海洋变成了要么捕食、
要么被捕食的世界。

距成为人类还有 **5 亿**年

我把逃跑练到极致！

逃啊逃啊逃啊！逃出来了！

进化
解决！
#001

虽然我在刻苦钻研逃跑能力，不过奇虾那家伙也在捕食方面不断进化，它活得太帅气了！

获得了类似脊椎的芯，

进化出专业级的逃跑能力！

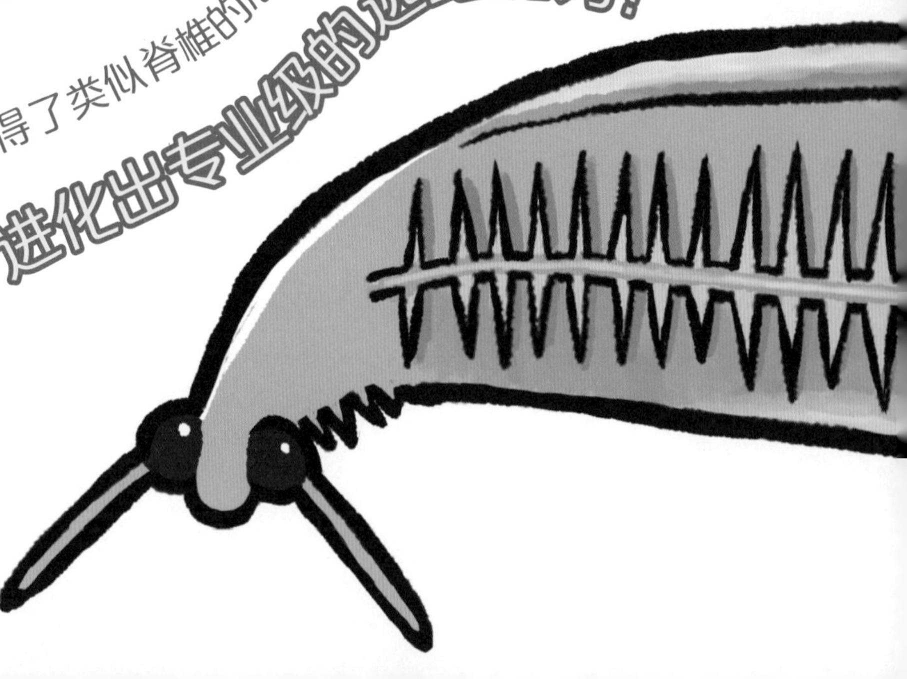

奇 虾那家伙经常找我打架，但是我从来都不理它。因为我……我太弱了，不会打架。每次它来找我的时候，我就拼命逃跑。

　　幸好，我身体里长了类似脊椎的芯。是在逃来逃去的过程中进化了，还是因为进化了才能成功逃跑呢？说实话，到今天我也不知道了，不过当年在寒武纪的时候，论逃跑我应该是最快的之一。因为在当时，除了我以外，只有很少几个伙伴才具有同样的"芯"。多亏有这个，我才能逃得比谁都快。也正因为这个，我才能逃脱灭绝的命运，把基因的接力棒交给下一代。

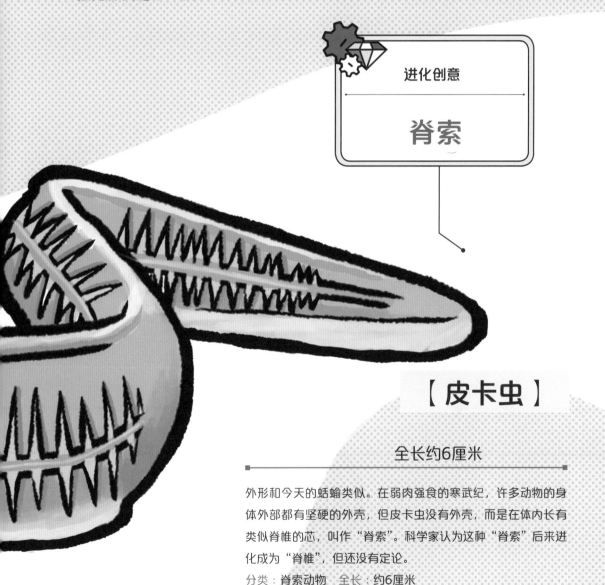

进化创意

脊索

【皮卡虫】

全长约6厘米

外形和今天的蛞蝓类似。在弱肉强食的寒武纪，许多动物的身体外部都有坚硬的外壳，但皮卡虫没有外壳，而是在体内长有类似脊椎的芯，叫作"脊索"。科学家认为这种"脊索"后来进化成为"脊椎"，但还没有定论。

分类：脊索动物　全长：约6厘米

咱的字典里没有「逃跑」两个字。咱要变强变大，不断进化，登上寒武纪的顶点！！

大家都管咱叫奇虾，好像咱很奇怪似的。其实咱也有朋友。唔，算是亲戚兄弟吧。像什么抱怪虫啊、赫德虾啊，什么什么啊……哎，名字都挺怪，记不住也正常。记住咱的名字就行啦。讨厌那种逃来逃去的生活，所以朝着越来越强的方向进化，而且也越来越大。大家一看到咱就会逃跑。特别是皮卡虫，逃得可快了。 那家伙的逃

哎，咱太强大了，结果，一不留神灭绝了……但是咱一点也不后悔！

跑速度真是没话说。以前咱也觉得，光会逃跑的家伙太没劲……不过快到那种程度，说实话真的有点佩服它。话说回来，也是因为害怕咱，所以它才学会了飞快逃跑的本事吧。

　　咱真的太强了，虽然这么说有点自吹自擂。反正在那么大的海洋里，咱就没见过有谁敢跟咱叫板。没有哪个动物不怕咱。所以咱可能也有点骄傲了。站在最强大的顶峰上，咱也难免有点犯懒。咱忘了环境这东西是会变的。结果一不留神，地球环境变了，咱一下子就灭绝了。不过，咱可不后悔。咱是寒武纪的最强生物，不可能后悔。咱的生活方式自有咱的乐趣。

全长约1米

巨大的躯体在寒武纪里具有压倒性优势。体长可达1米，不过真正长到1米多的个体不多。除了有巨大的身体，还长有"眼睛"，是寒武纪的最强生物。说到眼睛，寒武纪还有一种名叫欧巴宾海蝎的动物，足足长了5只眼睛（第92页）。

分类：节肢动物　全长：约1米

【奇虾】

哎呀！住处越来越小了？

寒武纪之后，就是奥陶纪时代，地球环境开始发生大幅变化。当时，我们生活的海洋叫作巨神海，但它逐渐变得越来越小。巨神海是浅海，四面都是大陆，阳光充足，生活舒适。可是……四面包围的大陆开始逐步推进。据说是因为大陆板块在

危机
#002

哇呀呀，多管闲事！

哇

咔嚓

移动。这时候才真的亲身体会到地球是活的呀! 当时，我们这些生物，基本上都生活在巨神海里。生活区域变小，很让我们头痛。"你走开!""不，你走开!"抢地盘的战斗愈演愈烈。我也不能继续老老实实做我的皮卡虫啦。所以我进化成各种各样的动物，拼命把基因的接力赛继续跑下去。那个时代呀，对我来说真像地狱一样。而且这还不算，奥陶纪结束后，又到了志留纪时代，四周的大陆撞到一起……整个巨神海都消失了。我没地方逃了呀。所以我想，再这样下去肯定要完蛋，我不能一直做这种只会逃跑的动物。必须变强，去抢其他生物的地盘，才能活下去。我就像当年奇虾那家伙一样，发誓要变强大。

距成为人类还有 **4 亿 1000 万年**

变得超级强大，霸占超多地盘！

但是……

【邓氏鱼】

进化
解决！
#002

进化创意

脊椎 + **颚**

寒武纪
奥陶纪
志留纪
泥盆纪
石炭纪
二叠纪
三叠纪
侏罗纪
白垩纪
古近纪
新近纪

变大变猛了，然后灭绝了一回！

这时候的我进化成了……邓氏鱼。这个名字听起来就很厉害吧！一点都看不出皮卡虫那时候的样子了。至于说身体大小，我记得自己能长到将近10米呢！

这是泥盆纪时代。距离我是皮卡虫的时代，过去了大约1亿—2亿年。我终于变强大了。就像当年的奇虾那样，谁看到我都要逃跑。因为我有强大的颚。当年号称最强的奇虾虽然有嘴，但是它没有颚。而我有强大的颚和类似牙齿的骨板，将什么东西都能咬成两半。我的性格也变啦，不再是胆小鬼啦。大家私底下都说我超凶猛……我也有点飘飘然……整天威胁这个、吓唬那个，到处抢地盘……所以就大意了呀。我最强大！就在得意的时候，地球环境又发生了变化，结果我跟不上了。说实话，在这个时代，我一度灭绝了（泪）。不过还好我不是奇虾那种头脑简单的家伙……毕竟当年我是逃跑能手皮卡虫嘛。在基因层面，我是很用心的。我还有别的手段呢。

我确实不适合扮演最强角色，
居然在这里灭绝了一次。
不过别担心……
因为我很警惕的。

全长6—10米

邓氏鱼有颚，咬合力很强。头部到胸部都覆盖着厚重装甲般的外骨骼，性格凶猛，是当时海洋的霸主。目前还不清楚它准确的体型长度，但从一部分发现的化石中推测，大约长6—10米。

分类：脊椎动物 盾皮类

全长：6—10米

闷死了！氧气，不够了呀！！

危机
#003

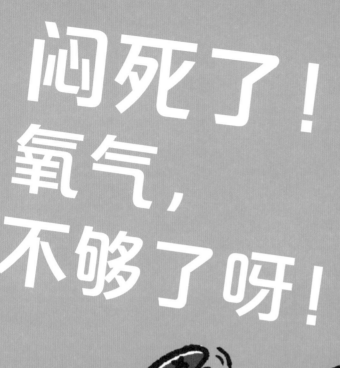

喘气

氧……………

喘气

什么，灭绝了？你们肯定很奇怪吧。是啊，我是邓氏鱼的时候，确实灭绝了呀。不过幸好我很警惕，除了邓氏鱼这个方向，我还在向其他方向进化，毕竟我当年是逃跑能手皮卡虫嘛……我也觉得像邓氏鱼那种凶猛的角色，可能不大适合自己吧，这里要介绍的故事，就是我除了进化为邓氏鱼之外，在另一个进化方向上经历的危机。

和邓氏鱼一样，所处时代都是泥盆纪。那时候的我，正在向着后来被称为真掌鳍鱼的方向进化。原本我生活的巨神海缩小的时候，我就逃到了河里。因此到了以后才发现，河里长了好多好多水草，细菌也有好多好多。它们啊，都是消耗氧气的大户，结果我就呼吸不到充足的氧气，痛苦死了……好不容易逃到河里，难道会在这里闷死吗？

气不足

喘气　喘气

赖以生存的海洋消失了，
我们不得不逃到河里生活。
但那里是缺少氧气的地狱。

距成为人类还有 **3亿8000万年**

不能再用鳃呼吸了！
尝试用肺呼吸吧！

进化
解决!
#003

哈
嘶

寒武纪
奥陶纪
志留纪
泥盆纪
石炭纪
二叠纪
三叠纪
侏罗纪
白垩纪
古近纪
新近纪

进化创意

脊椎 + 颈 + **肺**

进化成真掌鳍鱼以后，我看起来就和鱼一样了，但其实我可不是一般的鱼。今天虽然有点记不得了，但那时候的我肯定已经意识到了陆地世界。因为啊，我在水里吃够了苦头，虽然在水中世界里打发日子，但也开始想象水以外的世界会是什么样子。我每天想啊想啊，结果就长出肺来了，大概是巧合吧。可能是因为我一直在忍受氧气不足的痛苦，所以获得了这个礼物？我也不知道，反正有了肺以后，我就可以离开水中世界，到水外世界呼吸空气啦。新世界，我来啦！真的太激动了。那时候的空气非常新鲜，还有一个小秘密，我在变成真掌鳍鱼的时候，虽然外表看起来和鱼一模一样，但其实身体里藏着类似陆地四足动物的骨头，能变成陆地动物的腿呢……怎么样，很厉害吧！有没有吓一跳？

没有顽固坚守水中世界，尽情呼吸陆地上的空气。

【真掌鳍鱼】

全长约1米

属于肉鳍类的鱼。肉鳍类的鱼鳍较厚，并且其中有骨骼。外表是鱼，但鱼鳍是像陆地四足动物一样可以运动的肢体，而且直到尾部都生有骨骼，这一特征与蜥蜴等爬行动物类似。一般认为它是即将进化为陆地动物的过渡阶段动物。

分类：脊椎动物　全长：约1米

第 2 部分

陆地

陆地激战时代

泥盆纪

巨型昆虫大繁荣

石炭纪

3亿5800万年前—2亿9900万年前！

这也是大森林时代，到处都长满了高度近40米的参天大树。在舒适的森林环境中，生活着名为巨脉蜻蜓（第98页）的巨大蜻蜓，展开的翅膀可以超过70厘米，还有名为节胸蜈蚣（第100页）的动物，全长约2米，外观类似蜈蚣和马陆。据说这是因为石炭纪的巨型植物非常多，所以地球上的氧气含量也很高，昆虫也变得非常巨大。另外这个时代还出现了爬行动物，动物走上陆地的进程不断加快。

约95%的生物都灭绝了

二叠纪

2亿9900万年前—2亿5200万年前！

曾在石炭纪繁盛的巨型森林渐渐消退，地球上出现了辽阔的干燥沙漠地带。所有大陆连成一体，成为名叫"泛大陆"的巨大陆地。由于大陆非常辽阔，内陆地区距离海洋很远，而云是由大海里升起的水蒸气形成的，无法飘到内陆，所以那里就成了完全没有降雨的干燥地区，环境非常严酷。二叠纪末期，还发生了大规模的火山喷发，导致约95%的生物灭绝（第116页）。

的地球变化

侏罗纪

大型恐龙的全盛时代

2 亿 100 万年前—
1 亿 4500 万年前！

巨大的"泛大陆"南北分裂，暖流进入大陆之间，气候变暖。陆地上长满了蕨类植物和苏铁，环境变得适宜生存。这也是恐龙最为繁荣的时代，它们的体型也不断变大。体长达到 30 米级别的恐龙开始在陆地上漫步。

三叠纪

爬行动物和恐龙登场

2 亿 5200 万年前—
2 亿 100 万年前！

这是地球加速干燥的时代，也是更适应干燥环境的爬行动物繁盛的时代。还出现了像依卡洛蜥那样，能够张开皮膜，在空中滑翔的爬行动物。此外，这也是恐龙和哺乳类登场的时代。

1 亿 4500 万年前—6600 万年前！

大陆进一步分裂，分裂的大陆出现各种复杂的地形。这也是各大陆上的生物独立进化的时代。恐龙在不同大陆上进化，变得更为多样化。白垩纪后期，很有可能因为巨型陨石撞击地球，冲击波卷起的砂土和灰尘覆盖了整个地球，生物们迎来了没有阳光的可怕时代。约 70% 的生物在这个时期灭绝（第 120 页）。

很好
很好

妈妈

白垩纪

巨型陨石的撞击，导致约 70% 的生物灭绝

6600 万年前—2300 万年前！

热带雨林覆盖了地球的大部分地区，恐龙消失了，取而代之的是哺乳动物的繁盛。全球变暖现象进一步发展，整个地球都变成了热带雨林般的状态。阔叶树无比茂盛，出现了大规模的树冠世界。这个时代，南极大陆还不存在冰川。

陆地激战时代的地球变化

人类的祖先——
猿人诞生

新近纪

2300 万年前—260 万年前！

这是温暖气候逐渐干燥、寒冷的时代。非洲大陆出现了沙漠和草原。人类的祖先——猿人登场。印度与亚洲大陆相撞，出现了喜马拉雅山脉。它的出现对当时地球的气候和环境都带来了极大的影响。

热带雨林覆盖了
地球的大部分地区

古近纪

抓紧

抓紧

救命啊……

谁能拦住那个又大又狂暴的动物啊？

我只能往浅滩

逃跑了！

危机
#004

好不容易逃到河里，
结果遭遇了又大又狂暴的动物。
无比残酷的地盘之争又开始了！

代还是泥盆纪。我逃到河里，获得了肺，过上了平静的生活，也不再受到缺氧的折磨。可是，面前出现了可怕的巨型动物……说实话，真没想到河里也会出现暴力分子。这次的家伙名叫海纳鱼。

当时的我是真掌鳍鱼，它的体型几乎是我的4倍。我体长约1米，所以海纳鱼的全长差不多有4米。它嘴里长满了牙齿，牙齿的长度也有约8厘米。太可怕了（泪）！而且我已经不是皮卡虫了，逃跑起来也没当年那么快了。所以我只能动脑筋想办法，逃到了河滩地带。因为我想到，海纳鱼体型太大，估计没办法追到河滩来吧……这是我用头脑获得的胜利，不错吧！

可是，海纳鱼这家伙很狡猾。它有厚厚的前鳍，里面还长了骨头，它就用前鳍爬上了河滩。它很暴力，又追着我不放，真是烦死了。体型那么大，长得又可怕，还追到河滩上来。我真是太讨厌海纳鱼了。被那种讨厌的家伙追到河滩上来，你们能想象我的心情吗？

被它8厘米左右长的牙齿咬一口，简直要痛死了！ 想到这个我就忍不住要哭。灭绝就灭绝吧，能不能不要那么痛啊。我躲在河滩上不停地发抖。

距成为人类还有 **3亿6500万年**

真是受够了……

既然这样，我还是认真考虑爬上陆地生活吧！

进化
解决！
#004

动物史上最早的登陆足迹共有257步。一切陆地动物的历史，都是从这257步开始的！

长出腿了！

寒武纪
奥陶纪
志留纪
泥盆纪
石炭纪
二叠纪
三叠纪
侏罗纪
白垩纪
古近纪
新近纪

爬来

爬去

在 我走投无路的时候，拯救我的是参天大树。那是名叫古蕨的大树，生长在泥盆纪，高度足有20米。这种树的树枝和叶子会掉落在河滩上。一开始我还觉得掉落在河里的树枝、叶子很碍事，不过后来我学会了躲在这些枝叶里，这样一来，海纳鱼就没那么容易找到我了。哈哈，海纳鱼，你自己玩去吧！

不过，我还是很神经质。一想到会被海纳鱼那么可怕的牙齿咬到，我就不敢离开树枝森林。在树枝森林里生活的时间长了，我在树枝上行走的速度居然变得比游泳还快。这时候我才发现，自己长出了前腿。然后呢，这时候的我也有了新名字，叫作鱼石螈了。

既然有了前腿……那就去我一直很感兴趣的陆地上看看吧！ 我鼓起勇气，奋力爬上陆地，但是由于太痛苦了，只走了257步就倒下了。真的非常痛苦。不过我也很努力了。那时候的257步的脚印，至今还留在地球上。很厉害吧！ 那是动物首次爬上陆地的257步呢！那些足迹……是我留下的呀！

【鱼石螈】

进化创意

脊椎 + 颚 + 肺 + **腿**

体长约1米

具有强健的四肢和坚实的骨骼。不过，后腿还是鳍的形状，不适合陆地生活，极大地限制了在陆地上的行动。人们相信它是早期爬上陆地的动物之一，但从大大的尾鳍来看，它应该还是主要生活在水里。无论如何，这个时代的动物，许多都充满了至今未解的谜团。

分类：脊椎动物　体长：约1米

我的登陆大作战开始于 257 步，随着时间流逝，我也逐渐适应了陆地生活。一转眼泥盆纪结束，经过石炭纪，我来到了二叠纪这个时代。距离我还是皮卡虫的时代，过去了大约 3 亿年。

要死了！

拼命爬上了陆地，氧气却越来越少！

！
危机
#005

喘气

喘气

到了这个时期，我常常禁不住想："哎，当年我居然生活在海里？"我已经完全变成陆地生物啦。

然后，就在这个我适应了陆地生活的二叠纪，发生了猛烈的火山喷发。那可真是规模超级大的喷发，岩浆喷到约 2 千米那么高！火山灰和烟尘将太阳都挡住了。而最可怕的还是氧气不足。你知道吗？燃烧的时候需要氧气，而有那么多岩浆都在燃烧！整个地球都陷入了氧气不足的状态。

听说，这个时代的地球，和以前相比，氧气的浓度降到了 10% 以下。无数动物都承受不了这样巨大的痛苦，约 95% 的海洋生物都灭绝了。

我也过得非常辛苦，说实话，那真是最辛苦的时期。本来好不容易有了肺，还长了腿，终于可以享受陆地生活了，结果呼吸不到足够的氧气了！太痛苦了，还是灭绝吧……有时候我真的会这么想。痛苦啊，痛苦啊，太痛苦了。连眼泪都流干了。

二叠纪的大规模火山喷发，导致大约 95% 的海洋生物灭绝了。地球化作火海。巨量岩浆燃烧消耗了无数氧气。

喘气

喘气

距成为人类还有 **2亿5000万年**

我获得了横膈膜，

这样就能把 大量氧气 送到体内啦！

进化
解决!
#005

地球上的氧气
浓度降到了10%以下

有了

妙

进化创意

脊椎 + 颚 + 肺 + 腿 +
横膈膜

你知道横膈膜是什么吗？它是帮助呼吸的结构。有了横膈膜，就能进行腹式呼吸了。其实我也不大明白，反正有了横膈膜以后，据说就能一次性吸入大量氧气。人类当然也有横膈膜。

我……熬过了二叠纪的火山大喷发。在这场约95%的海洋生物灭绝了的大惨剧中，为什么我能幸存下来？那就是因为，我有横膈膜呀。有了它，哪怕氧气浓度很低，我也能把大量空气送进肺里，所以才能熬过大规模的火山喷发。

二叠纪结束后，到了三叠纪的时代，我的名字变成了三尖叉齿兽。曾在水中生活的痕迹已经一点都不剩了。不过，我虽然熬过了空前规模的火山喷发，但还是继续扮演胆小的角色。

在剩下的约5%熬过火山大喷发的生物中，有类似当年奇虾、含肺鱼那样的暴力分子，不过像我这样胆小的也是其中的一员。现在再看到那些张牙舞爪的家伙，我绝不会再像以前一样哭哭啼啼的了。

【三尖叉齿兽】

但通过**横膈膜**呼吸，就能把氧气满满地吸进身体里。

全长约45厘米

曾经生活的地方，是现代的南非到南极的广大地区。腹部的肋骨消失，腹部因此变得柔软，产生了横膈膜，使得腹式呼吸成为可能。因此，在二叠纪火山大喷发导致的地球低氧环境中，它才得以生存下来。某些理论认为它是哺乳动物的祖先。

分类：单弓亚纲 兽孔目 全长：约45厘米

好冷啊！肚子饿死了，日子太难熬了！

危机 #006

巨大的陨石撞上了地球。
寒冷和饥饿导致了地球上
约70%的生物灭绝！

寒武纪
奥陶纪
志留纪
泥盆纪
石炭纪
二叠纪
三叠纪
侏罗纪
白垩纪
古近纪
新近纪

冷

饿～

叠纪结束后，时代进入了侏罗纪。终于到了著名的恐龙时代。侏罗纪诞生了无数明星级的动物，但恐龙却在侏罗纪之后的白垩纪灭绝了。也有人认为，恐龙进化成了鸟……反正我也不是很清楚啦。不管怎么说，白垩纪确实发生了很可怕的事。就连我，也是费尽了力气才勉勉强强活下来。

白垩纪发生了什么？很有可能是……一颗很大很大的陨石撞上了地球。陨石的直径差不多有15千米。那次撞击，导致地球布满了烟雾和灰尘，连太阳都被挡住了，地球变得超级寒冷。植物也纷纷枯死……没有了吃的，大家的肚子都饿瘪了。

更糟糕的是，当时的我们，是用卵繁殖后代的。但是……天气太冷，卵无法孵化。没有孩子，当然就要灭绝了。又冷，又饿，又没有孩子。在这个时代，约70%的生物都灭绝了。地球真是太残酷了。

距成为人类还有 **1亿2500万年**

放弃产卵，在肚子里孕育小宝宝，再生出来！

在恐龙的全盛时代以体长约二〇厘米的『超节能体型』挺过残酷的岁月！

进化
解决 ！
#006

很好很好

多亏有了胎盘，才能留下子孙后代

妈妈

寒武纪
奥陶纪
志留纪
泥盆纪
石炭纪
二叠纪
三叠纪
侏罗纪
白垩纪
古近纪
新近纪

侏罗纪到白垩纪，是恐龙的全盛时代。恐龙个头很大，不过个头越大，就必然吃得越多。当时的我和时代潮流相反，进化出小小的身体。

白垩纪时期的我，被叫作始祖兽，好像是哺乳类的祖先之一。因为在始祖兽这个时期，我们这一族的雌性获得了胎盘。有了胎盘，就可以不再产卵，而是直接生小宝宝啦。

当时我的身体只有约10厘米长……周围全都是巨大的恐龙，我显得很小很小。这可是件好事。在巨型陨石撞击地球，冰河期随之来临的时候，小小的我只要吃很少的食物就能活下来。而且雌性具有胎盘，天气再冷也可以在肚子里孕育小宝宝。

在这个残酷的时代，大约70%的伙伴都灭绝了，而我能把基因的接力棒继续传下去，都是因为雌性获得的胎盘和小小的身体呀。

进化创意

脊椎 + 颈 + 肺 + 腿 +

横膈膜 + **胎盘**

【 始祖兽 】

体长约10厘米

外形和现在的老鼠类似，有人说它是猪、猫、狗，以及包括人类在内的有胎盘类动物的祖先，或者是有胎盘类动物祖先的近缘物种。不过现在主流意见认为，有胎盘类动物的最古老的祖先是另外一种名叫侏罗兽的动物。

分类：哺乳类 有胎盘类　体长：约10厘米

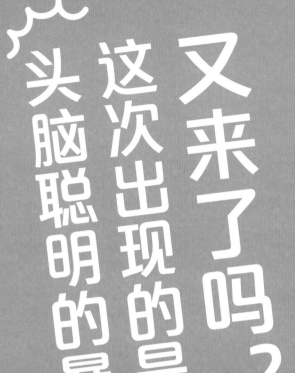

从皮卡虫时代开始，我就一直被变化的地球环境折磨，等到地球环境稳定的时候，必定又会出现欺负我的暴力分子。真的从来没有消停过。

漫长而可怕的冰河期结束的时候也是这样。当时出现的暴力分子是名叫鬣齿兽的家伙，这个鬣齿兽啊……有点强得过分了。因为啊，它们能打败冠恐鸟这种可怕的怪鸟，成为了陆地上的霸主。

又来了吗？这次出现的是一头脑聪明的暴力分子！

危机 #007

你们成群结队上，太无耻了！

　　冠恐鸟是身高约2米、体重约200千克的鸟,简直像恐龙一样。它们不喜欢群居,从来都是独来独往。它们很强悍,也确实有点帅呢。

　　而鬣齿兽是成群行动的。它们总是成群结队地打架。我觉得吧,它们强归强,但是又卑鄙、又胆小。不过它们的攻击力可真不一般。和当年的暴力分子奇虾比起来,感觉完全不同。冷酷无情的集体私刑,训练有素的专业暴力团伙……而且头脑很聪明。在我看来,鬣齿兽就是那样的家伙啊。

　　我真是拼了命逃跑,寻找下一个生存的地方。我知道,如果找不到生存的地方,这回真是要灭绝了。因为鬣齿兽将那个冠恐鸟都打败了呀!

　　你们成群结队上,太无耻了!

漫长的冰河期一结束,合伙捕猎的鬣齿兽成了陆地上的霸主。

距成为人类还有 **5500万年**

我转移到
树上生活了！

进化
解决！
#007

地球上首次出现森林，
形成了树冠世界。

【食果猴】

进化创意

脊椎 + 颚 + 肺 + 腿 +

横膈膜 + 胎盘 + **拇指**

此 时来到了古近纪。到了这个时期,结果子的树非常繁盛,它们叫作阔叶树。密集的树木形成了丛林。鬣齿兽不会爬树,所以我就逃到树上去啦。

当时的我名叫食果猴。体长只有约15厘米。不知怎么我长出了拇指。有了拇指,我就能抓东西了。灵巧地运用脚趾,我就能抓紧树枝,爬到树上。

树上的生活可舒服了。既有水果,又有坚果。天敌鬣齿兽也爬不上来。当时的森林非常茂密。阔叶树长得密密麻麻,形成了一个全新的树冠世界。树上什么都有,简直都不用从树上下去。这是我最幸福的时代。

人类也有拇指吧。补充一句,最早拥有拇指、能够抓东西的我,叫作食果猴。厉害吧!

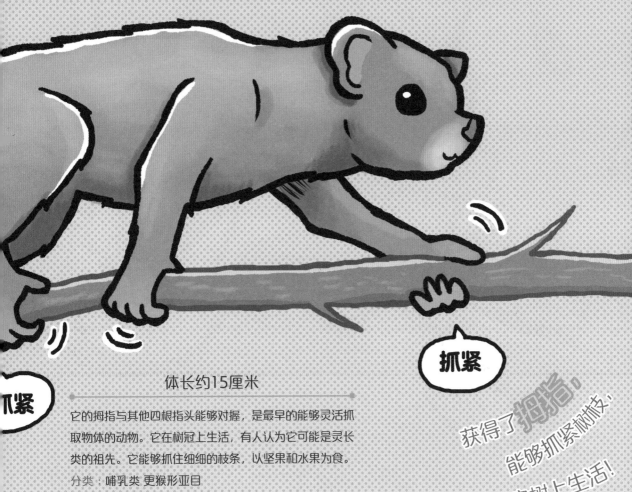

抓紧

抓紧

体长约15厘米

它的拇指与其他四根指头能够对握,是最早的能够灵活抓取物体的动物。它在树冠上生活,有人认为它可能是灵长类的祖先。它能够抓住细细的枝条,以坚果和水果为食。

分类:哺乳类 更猴形亚目

体长:约15厘米

获得了**拇指**,
能够抓紧树枝,
从此开启树上生活!

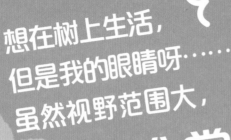

想在树上生活，
但是我的眼睛呀……
虽然视野范围大，

但很难掌握
准确的距离

我 很喜欢在树上生活，干脆完全搬到树上来了。但是搬到树上才发现，我的眼睛好像不适合树上的生活。

我本来一直都是在地面生活的。而在陆地上，有很多很多鬣齿兽那样的暴力分子，这让我不得不随时留心

由于树冠世界的出现，真正的树上生活开始了。再也没必要回到地面了。

危机
#008

周围的情况，所以我的眼睛能看到很大的范围。视野广阔就是我的特技。但是，在树冠上生活，周围都是树叶和枝条，挡住了视线，看不了太大的范围。因为看来看去全都是树叶。另外，我的眼睛有个弱点——看到的东西并不立体。在地面上生活的时候，看东西不立体的弱点也没带来什么不方便，但要在树上生活，看东西不立体就变成了致命的弱点。从一根树枝跳到另一根树枝的时候，这个问题尤其严重。因为没有立体视觉，就没办法掌握准确的距离，结果就会撞到树上……我很可怜吧。不过，和我以前经历的危机相比，这次的问题根本算不了什么啦。

距成为人类还有 **5000万年**

眼睛的位置变了。
从此能看清 距离了！

进化 解决! #008

获得了立体视觉，
完美地感知距离。
终于可以适应 **树上生活** 了。

进化创意

脊椎 + 颚 + 肺 + 腿 +
横膈膜 + 胎盘 + 拇指 +

立体视觉

体长约10厘米

这种动物的脸部变得扁平，眼睛位于脸的正面，于是就获得了立体视觉。有了立体视觉，就能准确感知距离。在树冠上生活，从一棵树跳到另一棵树也变得很容易。科学家认为它是类人猿的祖先。

分类：哺乳类 灵长目 始镜猴科
体长：约10厘米

此时还是古近纪时代。当时的我名叫始镜猴，体长大约10厘米。到了始镜猴这个时期，我的脸就和人类有点像了。因为眼睛移到前面了。唔，不过看起来还是猴子模样。

说起眼睛移到前面，变成和人类差不多样子的动物，我还是第一个。嘿嘿，我很聪明吧。眼睛长在前面，就有了立体视觉，能掌握距离感了。这样带来的坏处是视野变小，不过我已经决定一直在树上生活，不下地了，所以视野小点也没关系咯。

这个时期的我……真的很幸福。在树上生活很快乐呀。不过我也很清楚，在地球上生活才没有那么轻松呢，它的环境一直在变化。"快乐的树上生活持续不了多久"这样的预感和危机感，我时时刻刻铭记在心。

看到了

【始镜猴】

地球的沙漠化开始了，能让我生活的树冠越来越少了

危机 #009

呜

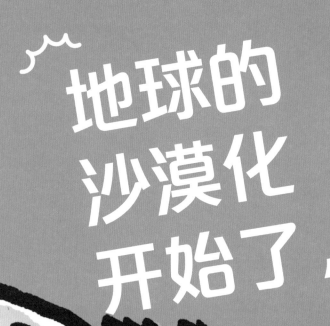

看

地球环境又发生了巨大的变化。原因好像是大陆板块的移动。大陆板块的移动导致环境变化，原本分布在整个地球上的阔叶树森林急剧减少。我的生活场所又减少了。本来都已经很习惯了呢。

因为当时我的身体已经完全适应了树上生活，再回到地面，就感觉所有地方都很不方便。比方说我的眼睛，虽然有了立体视觉，但再也没有以往那么广阔的视野了。我不太适应陆地生活了，而且当时的陆地上依然有许多暴力分子。

我被迫离开树冠，流落到草原上，真的不知道该怎么办才好。而且……这个时候的我，记忆也变得模糊起来，大概是5亿年积累的疲劳实在太沉重了吧！

原本分布在整个地球上的阔叶树森林急剧减少。非洲大陆出现了巨大的沙漠和草原。

距今 400万年前

忽然之间我发现，自己用双腿站在地上了！

进化
解决！
#009

在非洲大陆，人类历史的大帷幕终于揭开了！

哎哟

总算站起来了……

寒武纪
奥陶纪
志留纪
泥盆纪
石炭纪
二叠纪
三叠纪
侏罗纪
白垩纪
古近纪
新近纪

【南方古猿】

其实关于这个时期的事情，我也记不清了。被迫离开树冠世界的我，大概是为了尽可能看远一点，防备暴力分子，所以开始用双腿站立起来了吧！我是什么时候开始直立行走的呢？记不太清了。不过，这个时期的我，肯定已经和人类很相似了。当时的我名叫南方古猿，那是距今约400万年前的事情。只有400万年了！想想我还是皮卡虫的时候，那是5亿年前呢，所以400万年真的很短很短了。按我的感觉来说，那就是一眨眼的工夫。不过，不知道为什么，我都记不清那时候的事了。大概是因为我正从动物往人类进化吧！人类啊，要想这个，要想那个，想得太多，所以脑袋想得很累吧。哎，人类也是够辛苦的。

不过我确实在认真思考，思考接下来地球环境可能又要变化。还有……我非常担心。很久很久以前,我曾经进化成邓氏鱼，成为当时最强大的生物，结果反而一度灭绝了。根据我这5亿年来的经验，每个时代的最强生物，只要疏忽大意，很可能会走向灭绝，很可能的哦！

人类会怎么样呢？不会因为变成了最强的生物，然后也疏忽大意吧……

进化创意

脊椎 + 颚 + 肺 + 腿 +
横膈膜 + 胎盘 + 拇指 +
立体视觉 +

直立行走

身高约120厘米

生活在距今约400万年前—200万年前的猿人，脑容量可能是现代人的35%左右，与现代黑猩猩的脑容量大小相近。从骨骼化石推测，它们可能是以双腿直立行走的。一般认为它们适应了非洲大陆的热带草原气候。

★ 难道还有新角色登场？！ ★

哎呀哎呀呀，皮卡虫，不要太得意了。

咦……

哎呀——

…… 这些呀，就是我用了5亿年进化的故事。危机层出不穷，发生了各种各样的事情。

我是神仙。早在前寒武纪时期，我就来到地球上了。

所以我是神仙嘛。

确实，模样就像前寒武纪的前辈一样。

在今天的地球上，除了人类，还有很多其他动物，对吧？

没听说会有新角色呀……？

那些动物也是经历了漫长的进化，才变成今天的样子。

对呀！

难得有这个机会，也不妨介绍介绍其他动物吧。

第 3 部分

与我共同进化！

周围的

动物

动物进化小问答！

它们是今天的哪种动物？

这些动物和皮卡虫一样，都经历了漫长的进化。
都是你们熟悉的动物哟。

突然出现了某种东西，我自己都吓一跳！

以前，我的身体很小很小。

Q.1 今天的我是 ?

……答案在第 76 页！

Q.2

哎？
我不是鹿呀。
今天的我可没有那么小。

今天的我是 ?

……答案在第 78 页！

Q.3

今天的我是 ?

……答案在第 80 页！

Q.1 这种像河马一样的动物，进化成了……？

磷灰兽

分类：哺乳纲 长鼻目 努米底亚兽科

时代：古近纪

生活地区：北非（摩洛哥）等

体长：约60厘米

嵌齿象

分类：哺乳纲 长鼻目 嵌齿象科

时代：新近纪

生活地区：非洲、亚洲、欧洲、北美洲等

体长：约4米

以前好像有过170多种。

恐象

分类：哺乳纲 长鼻目 恐象科

时代：新近纪—第四纪

生活地区：欧洲、亚洲、非洲等

体长：约5米

今天进化成了……

A.1 大象！

非洲象

分类：哺乳纲 长鼻目 象科
生活地区：非洲（草原）等
体长：约5.4—7.5米

真猛玛象

分类：哺乳纲 长鼻目 象科科
时代：第四纪中期
生活地区：欧洲北部、北美洲北部等
体长：约5.4米

在我的伙伴中，最古老的是磷灰兽，它在水边、森林里以吃草为生。当时它的体型大小和今天的狗差不多。后来，它去了平原，身体变大，腿也变成了柱子般的形状。但是它的头的位置变高以后，就吃不到地面的植物和水了……幸好鼻子变得很长，它的鼻子就像人类的手一样灵活。

还有一种名叫嵌齿象的大象，它的进化方向和我的其他伙伴不一样，下颚变得很长。我们曾经有过许许多多的伙伴，但在500万年前的全球变冷时期，绝大多数都灭绝了……幸存下来的猛犸象也因为捕猎和全球变暖而灭绝……到今天，我的伙伴只剩下非洲象和亚洲象。（编者注：现存两属三种，非洲象属和亚洲象属。非洲象有两种，非洲草原象和非洲森林象。）

Q.2 这种个头小、脖子有点长的动物进化成了……？

原疣脚兽

分类：哺乳纲 偶蹄目 胼足亚目 骆驼科
时代：古近纪
生活地区：北美洲等
体长：约80厘米

古骆驼

分类：哺乳纲 偶蹄目 骆驼科
时代：第三纪中期至后期
生活地区：北美洲等
体长：约2米

没有驼峰就不是骆驼吗？ 4000万年前，我生活在北美洲。不过今天已经不在啦。那时候我的身体比今天小很多，是和兔子差不多大小的食草动物。

在被称为古骆驼的时期，我的身体开始变大，但还要再过很久才长出驼峰。因为森林和草原上的食物很丰富，而在长颈鹿之类的其他动物没出现的地方，我能独享食物呀。

今天，我的伙伴包括生活在非洲北部和亚洲西南部沙漠的单峰驼，生活在亚洲中部沙漠的双峰驼。驼峰是储存营养的部位，有了它就能在沙漠里生活。很方便吧。

生活在南美安第斯山脉的羊驼和大羊驼，是我在进化中分支出去的亲戚。

羊驼也是
骆驼的伙伴哎

羊驼

分类：哺乳纲　偶蹄目　胼足亚目　骆驼科
生活地区：南美洲（安第斯高地的草原）
体长：约1.2—2米

今天进化成了……
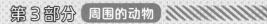
A.2 骆驼！

单峰驼

分类：哺乳纲　偶蹄目　胼足亚目　骆驼科
生活地区：非洲北部、亚洲西南部
体长：约3米

北美洲的骆驼，在12000年前，被人类捕杀灭绝了……

巨足驼

分类：哺乳纲　偶蹄目　胼足亚目　骆驼科
时代：新近纪—第四纪
生活地区：北美洲等
体长：约5米

Q.3 这种像短角鹿一样的动物，进化成了……？

古长颈鹿

分类：哺乳纲 偶蹄目 长颈鹿科

时代：新近纪

生活地区：非洲、亚洲、欧洲等

体长：约1.7米

原利比鹿

分类：哺乳纲 偶蹄目 长颈鹿科

时代：新近纪

生活地区：非洲等

体长：约1.8米

西瓦鹿

分类：哺乳纲 偶蹄目 长颈鹿科

时代：新近纪—第四纪

生活地区：非洲、南亚（印度）等

体长：约2.2米

在我的记忆中，1800万年前，我被称为古长颈鹿，长得和今天的欧卡皮鹿很像。那个时代又冷又干燥……森林越来越少。我没办法，只能去草原，而留在森林里的后来进化成欧卡皮鹿。草原上有无数的猎物和天敌，不管是为了捕食还是逃命，都必须拼命跑、拼命跑，真的很辛苦。幸好我的腿长，能领先几步。为什么连脖子都这么长呢？因为这样才能吃到长在高处的树叶呀。不过再怎么长，我的脖子还是和其他哺乳动物一样，颈椎只有7节，厉害吧。我的伙伴中也有脖子短的，比如西瓦鹿和梵天麟，但在抢食物的竞争中灭绝了……

梵天麟

分类：哺乳纲 偶蹄目 长颈鹿科 西瓦鹿亚科

生活地区：亚洲（印度、土耳其）等

体长：约2.5米

今天进化成了……

A.3 **长颈鹿！**

网纹长颈鹿

分类：哺乳纲 偶蹄目 反刍亚目 长颈鹿科

生活地区：非洲（草原）等

体长：约5—5.8米

长颈鹿会用『皮骨角』互相打架。

Q.4 这种像小马一样的动物，进化成了……？

跑犀

分类：哺乳纲 奇蹄目 犀总科 跑犀科

时代：新近纪

生活地区：北美洲等

体长：约0.8米

巨犀

分类：哺乳纲 奇蹄目 巨犀科

时代：第三纪

生活地区：欧洲东部、亚洲等

体长：约9米

远角犀

分类：哺乳纲 奇蹄目 犀牛科

时代：第三纪后期

生活地区：北美洲等

体长：约4米

今天进化成了……

A.4 犀牛！

白犀

分类：哺乳纲 奇蹄目 犀牛科
生活地区：非洲南部等
体长：约3.3—4.4米

长毛犀的犀角，长度可达1米！厉害吧！

长毛犀

分类：哺乳纲 奇蹄目 犀牛科
时代：第四纪
生活地区：欧洲、亚洲等
体长：约3.5米

俺 在2300万年前—530万年前名叫跑犀，体型和小马差不多，喜欢在平原上轻快地奔跑。在俺所属的跑犀科里，据说曾经有过历史上最大的陆地哺乳动物。它叫巨犀，体长足有9米，真的超级大。俺的伙伴在不同的环境下进化出各种样子，比如有的住在水边，有的在寒冷环境里长出密密的毛。现在俺们生活在非洲大陆和东南亚，但有人为了俺们的角非法捕猎，这让俺们的数量越来越少……人类啊，你们倒是想想办法拯救俺们呀！

Q.5 这种像小型恐龙一样的动物，进化成了……？

黄昏鳄

分类：爬行纲 鳄目 喙头鳄科

时代：三叠纪后期

生活地区：北美洲等

体长：约1.2米

中喙鳄

分类：爬行纲 鳄目 海鳄亚目 中喙鳄科

时代：侏罗纪后期

生活地区：欧洲的海洋等

体长：约3米

野猪鳄

分类：爬行纲 鳄目 真鳄亚目 马任加鳄科

时代：白垩纪中期

生活地区：非洲西北部（尼日尔、摩洛哥）等

体长：约6米

我 既怕冷又怕热，虽然住在热带水域边，但以前比现在更温暖，世界上到处都是我的伙伴，那时候过得才舒服呢！三叠纪后半期，我被叫作黄昏鳄，体型苗条，活动起来像直立行走一样。据说我很像小型恐龙。在侏罗纪时也有住在海里的伙伴——中喙鳄，还有尾鳍呢。今天真是无法想象啊。野猪鳄非常非常可怕。陆地上、水里面，各种地方都有我的伙伴。只是今天数量已经少了很多很多……

今天进化成了…… A.5 鳄鱼！

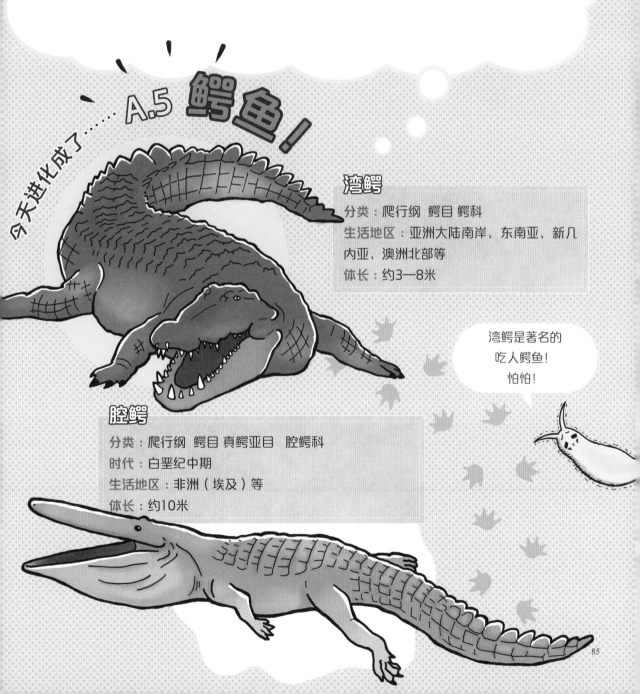

湾鳄

分类：爬行纲　鳄目　鳄科
生活地区：亚洲大陆南岸、东南亚、新几内亚、澳洲北部等
体长：约3—8米

湾鳄是著名的吃人鳄鱼！怕怕！

腔鳄

分类：爬行纲　鳄目　真鳄亚目　腔鳄科
时代：白垩纪中期
生活地区：非洲（埃及）等
体长：约10米

Q.6 这种鳍很大的动物，进化成了……？

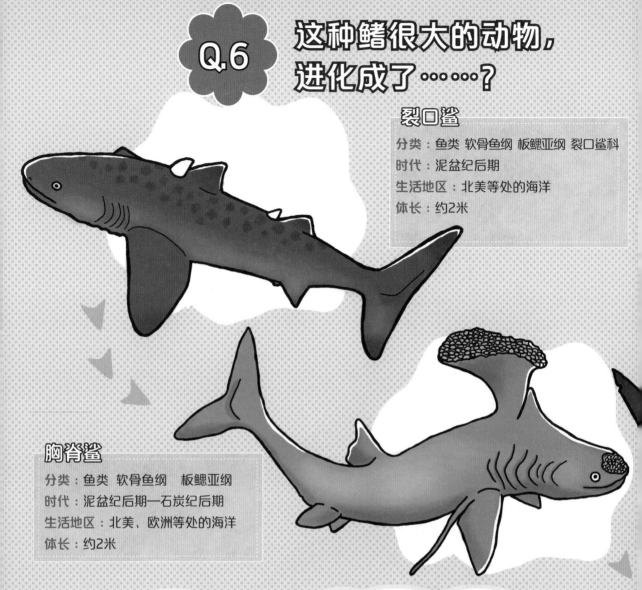

裂口鲨

分类：鱼类 软骨鱼纲 板鳃亚纲 裂口鲨科
时代：泥盆纪后期
生活地区：北美等处的海洋
体长：约2米

胸脊鲨

分类：鱼类 软骨鱼纲 板鳃亚纲
时代：泥盆纪后期—石炭纪后期
生活地区：北美、欧洲等处的海洋
体长：约2米

我 的历史虽然没有皮卡虫那么长，但也不短了。4亿年前，我的名字叫裂口鲨。是不是已经有点今天的鲨鱼样子了？但是啊，这个时代的我不会长出新牙齿，所以经常会缺牙。我的伙伴种类最多的时代是3亿年前的石炭纪，约70%的鱼类都是我们鲨鱼，各种各样的都有，背鳍花里胡哨的鲨鱼呀，旧牙齿不但不会掉，还会不断卷起来的鲨鱼呀……虽然古生代这些充满个性的鲨鱼已经没有啦，但弓鲨类幸存了下来，直到今天我们还在全世界的海洋里游泳呢。

今天进化成了……
A.6 鲨鱼!

鲨鱼一生能换
上万颗牙齿

大白鲨

分类：鱼类 软骨鱼纲 板鳃亚纲
鼠鲨目 鼠鲨科
生活地区：全世界的海洋
体长：约2—2.5米

弓鲨

分类：鱼类 软骨鱼纲 板鳃亚纲
弓鲨目 弓鲨科
时代：二叠纪后期—白垩纪后期
生活地区：全世界的海洋
体长：约2—2.5米

旋齿鲨

分类：鱼类 软骨鱼纲 全头亚纲 尤金齿目
旋齿鲨科
时代：二叠纪
生活地区：日本、北美洲、俄罗斯等处的海洋
体长：约3米

87

第 4 部分

改变时代？！

古生代和中生代的

奇怪动

让现代的研究者
神秘而奇异的

上下前后都搞不清楚
古生物之谜！

头在这里吗？
搞错了！

考古学者

惊到皮卡虫
的动物之

①

怪诞虫!!!

看仔细哦

怪诞虫

分类：有爪动物

时代：寒武纪

生活地区：北美洲、中国的海洋等

全长：0.5—3厘米

寒武纪
奥陶纪
志留纪
泥盆纪
石炭纪
二叠纪
三叠纪
侏罗纪
白垩纪
古近纪
新近纪

背 上长满了棘刺，很帅气吧？人类给我起的名字，意思是"奇怪的生物"。好像是因为今天的人类在发现我的化石的时候，对我的形态很惊讶。1911年，在伯吉斯页岩那个地方挖出了我的化石，当时人们很奇怪地问："又有棘刺，又有触手，这到底是什么动物？"……差不多1977年的时候，人们把背上的棘刺误当作腿，上下搞反了，而且还把挤破的尾部当成了头……真是丢人……反正我的形态把很多人都搞糊涂了。直到最近的2015年，人类才终于搞清楚了，总算找到了我的头，确定了我的形态。

困惑不已动物

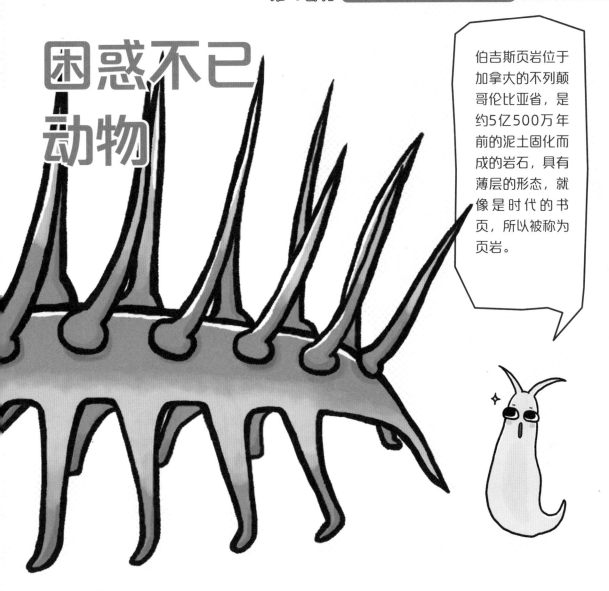

伯吉斯页岩位于加拿大的不列颠哥伦比亚省，是约5亿500万年前的泥土固化而成的岩石，具有薄层的形态，就像是时代的书页，所以被称为页岩。

寒武纪的时候，我生活在浅海里。全长大约3厘米，比皮卡虫小一点。那个时代海里生活着各种各样的生物呢！ 虽然也有奇虾那种凶猛的家伙，但大部分都是全长不到10厘米的弱小又光滑的生物，所以长了棘刺的我又前卫又新潮。棘刺嘛，当然是用来防御的咯。我还有排列成环状的牙齿，可以防止进入嘴里的东西逆流出去。

我的伙伴中有一种"有爪动物"存活到今天。有爪动物嘛，就是脚上有爪子咯。

惊到皮卡虫
的动物之

②

欧巴宾海蝎!!!

我有5只眼睛，"长鼻子"也很奇怪，所以也被算作"寒武纪怪兽"之一。欧巴宾海蝎的意思好像是"石头做的东西"。据说，当年古生物学会把我的长相公布出来的时候，人类研究者哄堂大笑，真是太没礼貌了。我这样的长相好像是空前绝后的，所以也被称为"动物界的孤儿"，不过我是没什么意见的啦。

这个时代还有很多家伙没有眼睛。我一下子长了5只，超厉害的。对了，最早长出眼睛的动物好像是三叶虫。我的眼睛能够360°全方位看世界，所以遇到打不过的强大对手，就可以迅速

欧巴宾海蝎
分类：节肢动物门 恐虾纲 欧巴宾海蝎科
时代：寒武纪
生活区域：北美洲等处的海洋
体长：约7厘米

用"长鼻子"
捕食猎物
是寒武纪的"大象"

咔嚓

咔嚓

逃走。我游泳的时候，身体两侧的附肢能像蜈蚣一样摆动。

我的头上长着"长鼻子"，顶端长着像带有锯齿的钳子，可以用它来捕食海底的猎物。我吃的是那些没有牙齿、也没有我这么灵活的家伙。皮卡虫跑得太快，很难抓到它。它滑溜溜的，看起来就很好吃，真是可惜呢。

在我出生的寒武纪，还诞生了许多生物，所以被称为"寒武纪大爆炸"。有些"长得超有趣"的家伙，也被叫作"寒武纪怪兽"。不过，名字虽然叫"怪兽"，其实都是真实存在过的动物。

应我都能看见

古生物学会
哄堂大笑！！
一无二的欧巴宾海蝎？！

惊到皮卡虫
的动物之

③

房角石！！！

被尖顶帽戳到，
痛死你哦！

咻

……

房角石

分类：软体动物门　头足纲　内角石目
内角石科

时代：奥陶纪

生活区域：北美洲等处的海洋

外壳长度：约10米

奥陶纪是个温暖的时代，陆地上还没有生物。海水有42摄氏度，正是舒服的温度。到处都是珊瑚礁，还有阿兰达鱼之类的早期鱼类。被称

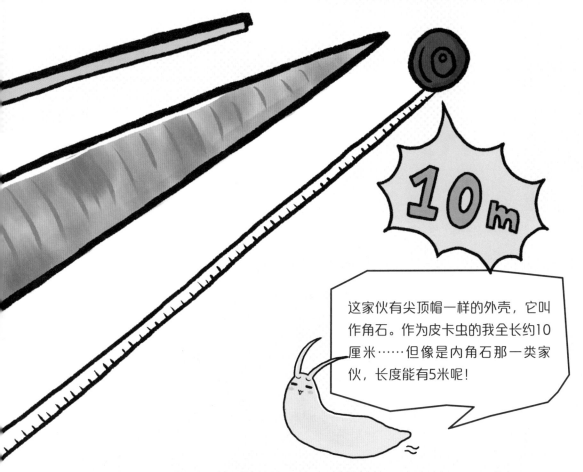

这家伙有尖顶帽一样的外壳，它叫作角石。作为皮卡虫的我全长约10厘米……但像是内角石那一类家伙，长度能有5米呢！

长度足有10米！
奥陶纪最大的捕食者

为"活化石"的鹦鹉螺，也是这个时代的生物。

俺号称"奥陶纪最大的生物"，当时没有哪个生物比俺强大了。俺吃的都是三叶虫啊、广翅鲎什么的。鹦鹉螺当然也吃。俺能用8条腕足捕捉猎物，不过俺的腕足没有吸盘，和乌贼、章鱼的腕足也不一样。

你们知道俺是怎么游泳的吗？在俺的外壳里，壳壁上分出许多小房间（气房），在里面注入空气或者水，俺就能在水里上下移动。把吸入体内的水从头部喷射出去，就能改变方向。不过为什么长成这么大的身体，俺自己也不知道。

惊到皮卡虫的动物之 ④

广翅鲎!!!

从奥陶纪到二叠纪，是我们海蝎生活的时代。其中的志留纪，更是海蝎在海洋中达到顶峰的时代。海里有蝎子？不不，这里的海蝎，和今天的蝎子不一样。海里的海蝎是"像蝎子的动物"。也有人认为从亲缘关系的角度来说，我们和鲎更接近，反正我是不知道的啦。蝎子的祖先当然也生活在海里，不过并不是我们。说起来挺复杂的。

陆地上的蝎子，最大的特征之一是钳子，不过我的伙伴中没有几个长钳子的。我的特征是尖锐的尾巴，还有船桨一样的后肢。所以呢，我的名字"广翅鲎"，意思就是"宽广的翅膀"，形容我能用这样的后肢飞速游泳。不过说是"飞速"，也就相当于今天海龟的速度吧。其实我最擅长的是在海底行走，捕食沙地上的软体动物。

我的体型一般是20厘米左右，但偶尔也会出现长达1米的同类！一般生活在浅海，不过偷偷告诉你啊，我也能溜到陆地上稍微转一转呢。在水里生活的时候用的是腮，但也有辅助的呼吸器官，所以时间不长的话，我能在陆地上走走。

海蝎有许多种类，有的会游泳，有的能在海底行走，还有的甚至能爬上陆地……

广翅鲎
分类：节肢动物门　螯肢亚门　肢口纲
广翅鲎目　广翅鲎科
时代：志留纪
生活区域：北美、欧洲等处的海洋
全长：20厘米—1米

惊到皮卡虫
的动物之

5

巨脉蜻蜓!!!

我生活的石炭纪，是植物非常茂盛的时代。我就生活在广袤的森林里。说起来超幸运的是，我有翅膀，能飞翔。我们这些在这个时代出现的昆虫，据说是生物史上最早的飞行生物。只要飞到树干上方，地上的动物就攻击不到我，非常安全。

你问我为什么这么大？嗯，现代确实没有像我这么大的昆虫。我这么大，当然是因为没有天敌……这是一个原因，另一个原因是当时地球上的氧气浓度远远高于现在的氧气浓度（约21%）。在我生活的时

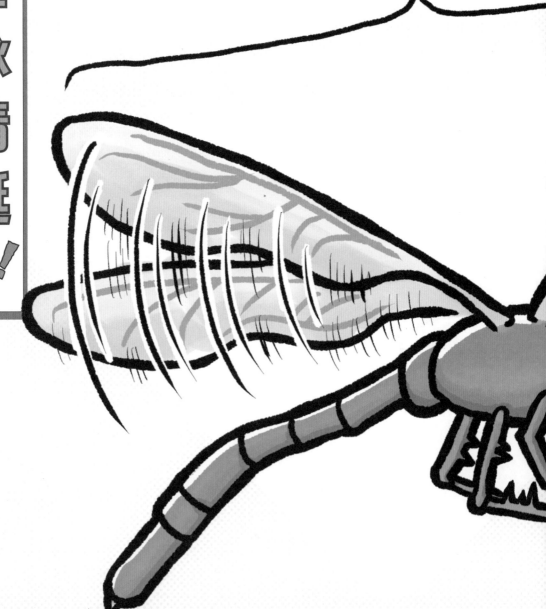

70cm

寒武纪
奥陶纪
志留纪
泥盆纪
石炭纪
二叠纪
三叠纪
侏罗纪
白垩纪
古近纪
新近纪

代，氧气浓度高达30%，代谢速度当然快啦。

　　我的翅膀展开时的宽度可达70厘米，我在水虿时期的体长也有30厘米呢。水虿时期的我有腮，虽然不太会游泳，但能捕食水里生活的小鱼、蝌蚪等。和水里的其他动物比起来，我的体型很大，所以可能会让大家害怕吧……

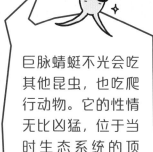

巨脉蜻蜓不光会吃其他昆虫，也吃爬行动物。它的性情无比凶猛，位于当时生态系统的顶点！ 不过它没办法像现代的蜻蜓那样悬停在空中。

一咔

嚓

在漫长的历史中最大的飞行昆虫

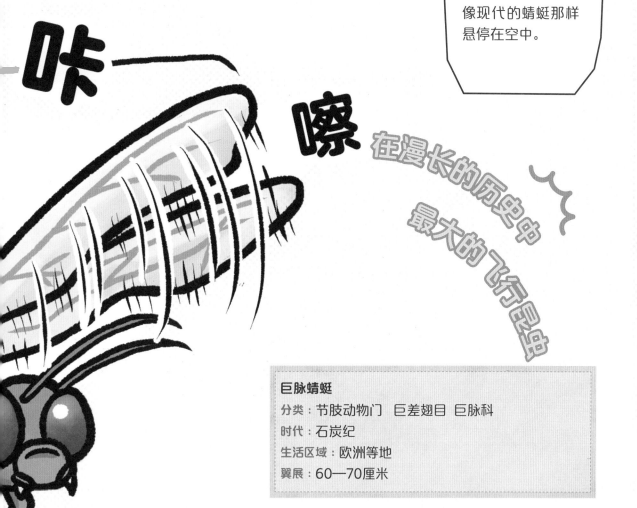

巨脉蜻蜓

分类：节肢动物门　巨差翅目　巨脉科

时代：石炭纪

生活区域：欧洲等地

翼展：60—70厘米

如果存活到今天将会十分可怕！
翼展 70 厘米的巨大的蜻蜓

惊到皮卡虫
的动物之

6

节胸蜈蚣!!!

这个时代还没有吉娃娃呢！

20cm

嚼啊嚼

打个比方说，它不是**蜈蚣**

史上最

嚼啊嚼

我的身体比现代的人类身体还大。和巨脉蜻蜓生活在同一时代，但在节肢动物中我也进化得特别巨大。可能是因为没什么脊椎动物敢吃我，过得比较悠闲，所以我的身体就越长越大了吧。

不过可别以为我很凶哦。我并不会吃其他的昆虫。我吃的是蕨类植物。所以我是食草动物，不像蜈蚣，而更接近马陆。因为蜈蚣是吃肉的，

大的陆地节肢动物！……居然是吃草的？

而是马陆哦~

为什么知道节胸蜈蚣是吃草的呢？因为它的粪便化石中含有蕨类植物的孢子碎片。

节胸蜈蚣

分类：节肢动物门　倍足纲　节胸目

时代：石炭纪

生活区域：欧洲等地

全长：约2米

马陆是吃腐烂落叶的。所以呢，就算我出现在你身边，也不用怕。哎？还是觉得我长得很可怕？没有啦，我只是身体比较大，又不会扑过来吃你，不要怕啦！

　　我没有天敌，过得很安逸，可是地球突然间进入了寒冷时代。空气干燥，植物减少，氧气也不够了……结果我就灭绝啦。身体太大，没办法应付急速变化的环境啊，最致命的是植物和氧气的不足。

惊到皮卡虫
的动物之

7

空尾蜥!!!

天空不再是昆虫的乐园了……!

空尾蜥
分类：脊索动物门 爬行纲 双孔亚纲 韦格替蜥科
时代：二叠纪
生活区域：欧洲、非洲的马达加斯加岛等地
体长：约40厘米

脊椎动物
急先锋

时代是二叠纪，存在泛大陆的时期。这也是两栖类、爬行类和合弓类争夺地盘的时代。我是空尾蜥，属于爬行类，是在古生物史上留下名字的生物。这是因为啊，我是脊椎动物中第一个能在天上"飞"的动物。

在我之前，只有昆虫才能在天空中尽情飞翔，还会口出狂言说："地上爬的都不是我们的对手！哇哈哈。"正是我，给了它们一个下马威。唔，虽然说我的飞翔

终于能"飞"了！！！
最早"飞翔"的脊椎动物！！！

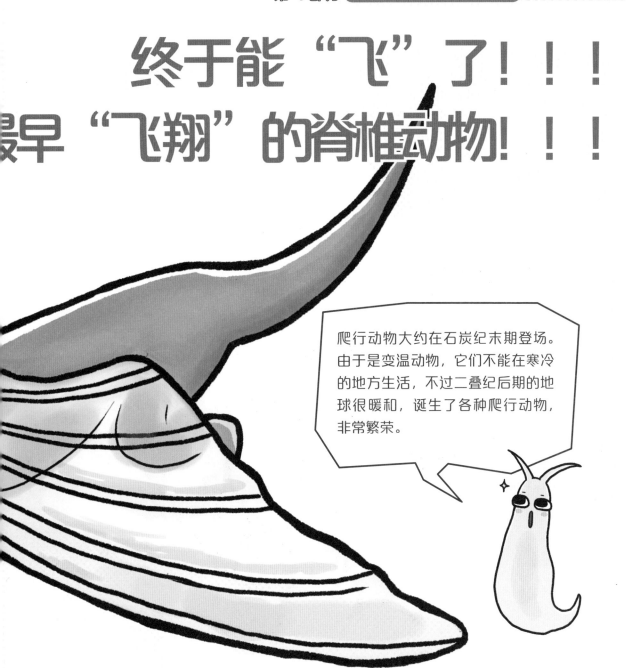

爬行动物大约在石炭纪末期登场。由于是变温动物，它们不能在寒冷的地方生活，不过二叠纪后期的地球很暖和，诞生了各种爬行动物，非常繁荣。

其实只是从一棵树滑翔到另一棵树……

我的肋部后面长了20多根细细的骨骼，上面附有薄膜。是不是很漂亮？很美吧？人类挖到化石的时候，还以为这是鱼鳍呢。现代也有飞蜥那样形态的爬行动物，不过它们是把肋骨伸长变成了翅膀，而我用的不是肋骨，是完全独立的骨骼，这才是完美的翅膀。这可是很罕见的，厉害吧！

超大型食肉动物！
皮再厚的猎物也能咬穿

嗷呜
嗷呜

还长着
猫一样的胡子

狼蜥兽

分类：脊索动物 合弓纲 兽孔目
丽齿兽科

时代：二叠纪

生活区域：俄罗斯等地

全长：约4.5米

俺是二叠纪后半期的可怕猎手，是这个时代的霸主。我属于合弓动物，特征是有长长的犬齿。人类曾把我叫作似哺乳爬行动物，反正不管怎么叫，俺都是最强大的动物之一。

爬行类中有很多动物，嘴里生的牙齿都是同一形状的，但是俺既有12厘米长的犬齿，可以死死咬住猎物，又有前齿，能把肉撕开吃掉。因为俺的牙齿很有特点也很有用，所以就算是大型的厚皮动物，俺也能扑上去撕咬。

而且，在陆地上，俺的行动非常迅速，在水里，俺也很擅长游泳。俺游泳的时候可不像狗刨，而是像鳄鱼一样灵活地扭动身体。俺的头部细长，鼻孔长在末端，这都有利于减少水里的阻力，让俺游得更快。所以不管是在陆地上还是在水里，动物们都很怕我。

在恐龙还没出现的时候，就已经有很多狼蜥兽这样的合弓类动物了。合弓类是哺乳动物的祖先。要是被它的尖利牙齿咬到，那就死翘翘啦！

惊到皮卡虫
的动物之

⑨

不是滑翔，是真的能飞！最古老的翼龙！

真双型齿翼龙
!!!

真双型齿翼龙
分类：脊索动物门 翼龙目 真双型齿翼龙科
时代：三叠纪
生活区域：欧洲（意大利等地）
翼展：约1米

为什么说咱聪明呢？因为咱是人类发现的最古老的翼龙之一。喜欢恐龙的人肯定都知道翼龙，翼龙就是在这个时代出现的。比号称最古老鸟类的始祖鸟还要早3000万年，这就是咱啊。

虽然说能滑翔的爬行动物越来越多，但是真能飞行的动物只有咱们几种。要想滑翔，必须跑到高处去，可是咱不需要！咱完完全全能在天空中飞。咱前肢的第四根长趾上长出宽大的翼膜，和身体相连，形成翅膀。长长的

在后来的侏罗纪，出现了名叫双型齿翼龙的翼龙，但它们好像并不是近亲。难道是超越时代的相似吗？

好吃的鱼

尾巴上，末端还有菱形的"帆"，能在空中像船舵一样控制方向，保持平衡。

对了，真双型齿翼龙这个名字的意思是"真有两种牙齿"，因为咱的嘴巴前面长的牙齿是尖尖的，而后面的牙齿是锯齿状的，刚好适合咬住光滑的东西。像咱这样从水面上抓鱼吃的翼龙很多，不过像咱这种牙齿的只有咱一种哎。

★ 生物大灭绝？！★

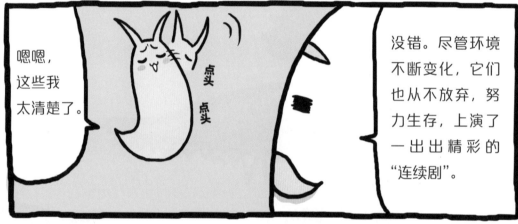

还有地球变得太热、变得太冷、大地动来动去的时代。

哐哐哐

5次大灭绝

大灭绝一共发生过五次，所以也叫"5次大灭绝"

还有火山突然嘭的一下子喷出岩浆……太可怕了！

嘭

哎呀，居然有五次，那么多啊。

太辛苦了

是啊

太辛苦了

第 5 部分

5 次生物

在5亿年的时间里，足足发生过5次大灭绝，每一次都会令我的无数伙伴灭绝。真是残酷的时代啊。

那时候的我可太辛苦了

大灭绝

咚——

巨型冰川出现……

温暖的气候让地球上的水循环变得活跃，河水不断流向海洋。

当陆地出现巨型冰川后，河里没有了水，水循环停止。

浅海干涸，生物们失去了赖以生存的居住地。

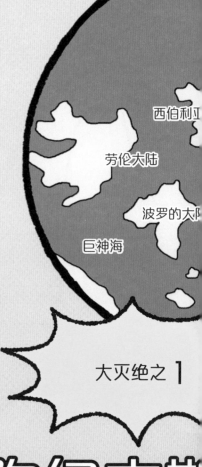

西伯利亚

劳伦大陆

波罗的大陆

巨神海

大灭绝之 1

奥陶纪末期

4亿4400万

就像房角石（第94页）说的，奥陶纪的地球非常温暖。北半球几乎都是海洋，陆地都在南半球。这块大陆就是冈瓦纳大陆。在这个时代，许多生物都生活在海岸附近的浅海（第32页）。大部分鱼类都没有颌，鹦鹉螺的伙伴中许多都是强大的捕食者。陆地上还没有动物。

海水温度大约有42摄氏度，我们的日常生活就像是人类舒舒服服泡温泉一样。但不知道什么缘故，奥陶纪结束的时候，海水温度降到了28摄氏度左右，冈瓦纳大陆上也出现了冰川。冰川啊，就是像今天的南极大陆那样，

泛大洋

古特提斯洋

冈瓦纳大陆

★ 冰川

危机不光是遇到想吃我的天敌！我也遇到了赖以生存的居住地突然消失的情况……

约 85% 的生物大灭绝！！

奥陶纪时期的地球

冈瓦纳大陆被冰川覆盖，赖以生存的浅海干涸了！

覆盖在辽阔土地上的厚厚冰层哎。

　　如果只是海水温度下降，大概还能忍受，问题在于降温之后。地球上的水，原本应该化作雨水落在山川大地上，再汇聚成河，流入大海。可是冰川出现以后，流向大海的水都结了冰，没有水了。结果……浅海逐渐干涸，大约85%的生物因此而灭绝了。

　　哪怕拼命逃过了天敌的捕食，但是没了住处的话……对生物来说，这是生死攸关的问题。

在泥盆纪，除了冈瓦纳大陆，还有一块大陆，那就是欧美大陆。咦，这是什么奇怪的名字？其实它是今天的欧洲大陆和美洲大陆合并成的大陆，所以名字也是欧洲和美洲合并成的。欧美大陆上有着巨大的山脉和无数河流，还生长着茂密的森林。

但是，泥盆纪的地球，也因为全球变冷现象而导致了生物大灭绝。当时我还生活在海洋里，不清楚为什么又会发生全球变冷现象。而且活在海里的生物，和生活在江河湖泊等淡水中的生物，灭绝率有很大差别，这也是很奇怪的。

这个时代的大部分鱼类，是最早拥有颌的盾皮鱼类，和背、腹部鱼鳍长得像刺

大灭绝之 2 泥盆纪后期

3亿7400万年前

不知什么原因，不同区域的灭绝率具有很大差异！

腕足类
赤道附近——约91%灭绝
高纬度——约27%灭绝

盾皮鱼类
海洋——约65%灭绝
淡水区域——约23%灭绝

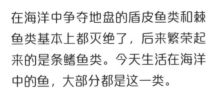

在海洋中争夺地盘的盾皮鱼类和棘鱼类基本上都灭绝了，后来繁荣起来的是条鳍鱼类。今天生活在海洋中的鱼，大部分都是这一类。

棘鱼类
海洋——约87%灭绝
淡水区域——约30%灭绝

的棘鱼类等。盾皮鱼能用强有力的颚捕食棘鱼，但棘鱼也会用"身上长刺让你吞不下去"的办法抵抗。

生活在海洋里的盾皮鱼类约有65%灭绝，生活在淡水中的盾皮鱼类约有23%灭绝。海洋中的棘鱼类约有87%灭绝，淡水中的约有30%灭绝。泥盆纪的海洋很温暖，所以可能是生活在海里的种类很怕冷吧。而生活在淡水里的鱼，也许适应力更强？另外还有腕足类动物，它们当中，生活在赤道附近低纬度地区的约有91%灭绝，但生活在其他高纬度地区的种类只有27%左右灭绝。这又是为什么呀？

泥盆纪时期的地球

西伯利亚大陆

泛大洋

欧美大陆

古特提斯洋

冈瓦纳大陆

地球因某种原因变冷，
海洋生物大量灭绝！

喷出巨量的岩浆

氧气减少，危在旦夕！！

大规模火山喷发
↓
尘埃覆盖地球
↓
阳光被遮挡
↓
寒冷导致植物死亡！！

对人类来说，空气中18%的氧气浓度，是保证生命安全的下限。如果下降到10%，人就会昏迷。如果再下降到8%，人就会在7—8分钟内死亡……当年的环境就是那么可怕……

整个地球的氧气浓度从30%下降到不足16%！！

　　叠纪出现了巨大的陆地，名叫泛大陆，意思是"所有的大陆"。以前欧美大陆上那些繁茂的森林消失了，到处都是沙漠。两栖类、爬行类、合弓类（第104页的狼蜥兽也属于合弓类）等可怕的家伙互相争夺生态链的最高位置。我在进化的故事中说过，火山突然大规模喷发（第50页），约2千米高的火柱冲天而起，粘稠的岩浆熊熊燃烧。西伯利亚至今还有这场大规模火山喷发的熔岩痕迹。那叫作西伯利亚玄武岩，面积足有300万平方千米。

　　当时的大气中氧气匮乏，令人非常痛苦，而我是被称为三尖叉齿兽的肉食动物，全长45厘米左右。那时候真的很痛苦……在那场大规模火山喷发后

二叠纪末期

约 2 亿 5100 万年前

约 95% 的海洋生物大灭绝！！

★ 巨型火山

泛大陆

二叠纪时期的地球

面发生了什么，我已经记不得了，不过存在好几种假说。

有假说认为，大量岩浆喷发出来，烟尘遮蔽了天空，结果连白天都没有阳光了，地球变得一片黑暗。气候变冷，植物也纷纷枯死……

也有假说认为，氧气减少，二氧化碳增加，气温上升，硫化氢破坏臭氧层，大量紫外线倾泻到地球上……

我也很怕冷，不过也同样怕热！这个时代结束的时候，号称"地球史上最大的生物大灭绝"，约95%的海洋生物都灭绝了。

泛大陆越来越干燥，而更适应干燥环境的爬行动物数量不断增加。这就是三叠纪的情况。在二叠纪的悲惨大灭绝中幸存下来的爬行动物，广泛分布在海洋和陆地上。我也死里逃生，活了下来，并且继续努力活下去。这个时代的氧气浓度只有15%左右，人类是活不下去的吧……

对这种低氧环境适应最快的是陆地上的爬行动物，它们并不像鳄鱼那样贴在地上走，而是灵巧地奔跑，后来进化成祖龙类和恐龙类。

虽然有了很多真双型齿翼龙（第106页）等聪明的爬行动物，但还是又发生了大灭绝……不过，为什么这个时代也会出现大灭绝，我也不知道。有好几种假说，其中一种认为，是因为巨型陨石的撞击。2亿1500万年前，直径约5千米、重

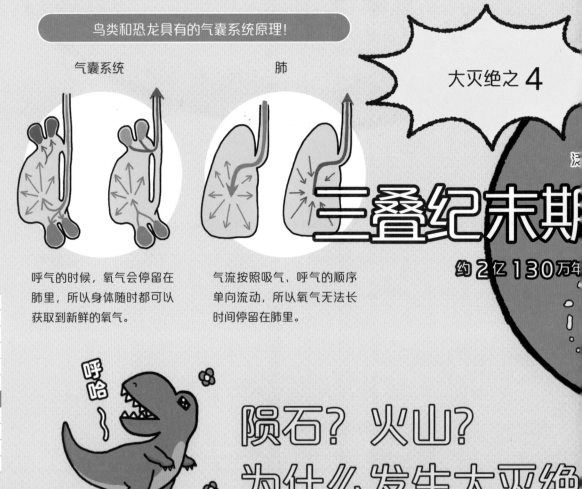

鸟类和恐龙具有的气囊系统原理！

气囊系统　　　　　　　　　　肺

大灭绝之4

三叠纪末期
约2亿130万年

呼气的时候，氧气会停留在肺里，所以身体随时都可以获取到新鲜的氧气。

气流按照吸气、呼气的顺序单向流动，所以氧气无法长时间停留在肺里。

呼哈～

陨石？ 火山？
为什么发生大灭绝

达5000亿吨的巨型陨石撞击了地球（灭绝发生在2亿130万年前）。加拿大东部魁北克省还留着直径约100千米的陨石坑，那是陨石撞击留下的痕迹。另外也有人认为，泛大陆分裂时发生的大规模火山活动也可能是原因之一。

超过约70%的海洋和陆地生物灭绝。鳄鱼（第85页）所属的泛鳄类、合弓类大部分灭绝了……在三叠纪中幸存下来的恐龙，在下个时代将繁荣起来。鸟类和恐龙为什么会大量增加呢？是因为出现了划时代的肺部结构，它能应对这种氧气稀薄的环境。它叫作"气囊系统"，简单来说，就是能在体内长期保存氧气的系统。今天的鸟类身上也有这个系统。

三叠纪时期的地球

约 70% 的生物大灭绝！！

巨型陨石的撞击

特提斯洋

火山

泛大陆

咱有横膈膜，能靠腹式呼吸把大量空气送进肺里，不过气囊系统更厉害！

目前还是谜！

巨型陨石撞击导致的"陨石之冬"

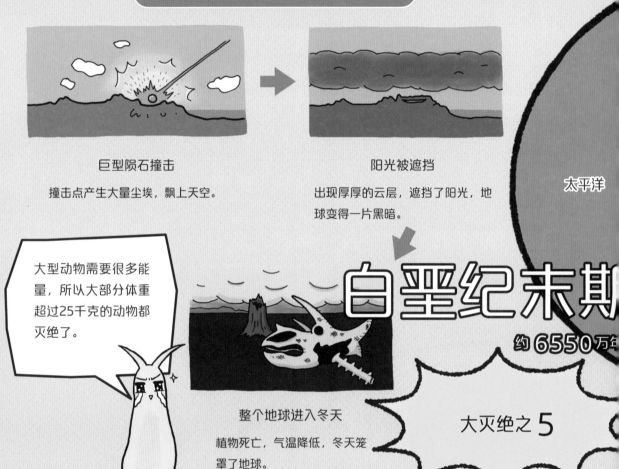

巨型陨石撞击

撞击点产生大量尘埃，飘上天空。

阳光被遮挡

出现厚厚的云层，遮挡了阳光，地球变得一片黑暗。

太平洋

大型动物需要很多能量，所以大部分体重超过25千克的动物都灭绝了。

白垩纪末期

约6550万年

大灭绝之5

整个地球进入冬天

植物死亡，气温降低，冬天笼罩了地球。

侏罗纪和白垩纪是恐龙繁荣的时代。这个时代的地球已经没有超级大陆了，而是形成了今天的欧洲、非洲、南美洲、印度等陆地。北美洲与亚洲，南极洲与大洋洲还连在一起。大陆四分五裂，生物在各个陆地上独立进化。

但是，很有可能巨型陨石撞击了地球。据说这次的陨石直径有10—15千米。这么巨大的东西掉下来……对整个地球都产生了影响。在半径1000千米范围内的生物当场死亡。地面温度高达1万度。陨石撞击中掀起的无数石块纷纷从大气层坠落，又在几小时后在各地引发了大规模的海啸。

撞击地点扬起的砂土灰尘变成厚厚的云层，挡住了照射到地上的阳光。二

北美洲

欧洲

亚洲

★ 陨石的撞击

南美洲

非洲

特提斯洋

印度

大洋洲

南极洲

白垩纪时期的地球

约 70% 的
生物大灭绝！！

超巨型陨石撞击！！
地球笼罩在黑暗中……

叠纪末期发生的大规模火山喷发也曾让地球变得黑暗（第116页），那时候地球也进入了低氧气含量状态……

在这个黑暗时代，植物枯死，气温下降，地球迎来了"冬天"。食物也没有了，太艰难了（第54页）。这被叫作"撞击之冬"。

这个陨石坑的直径约为180千米，位于墨西哥尤卡坦半岛。这是最后一次生物大灭绝。恐龙时代持续了约1亿6400万年，结果在这次灭绝事件中突然结束了……真是预测不到地球会发生什么呀……

我这五亿年的故事，你们觉得好看吗？

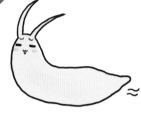

对了，

你们是在什么地方读这本书的呢？

你们读完了这本书，
真让我太开心了！
谢谢你们！

是在家里的客厅，
还是在自己的房间，
或者是在学校的图书室呢？

我这五亿年的故事，
你们觉得好看吗？

在热带雨林、大草原上读书的人……
肯定很少吧。

因为……

今天的你们生活在文明世界里呀。

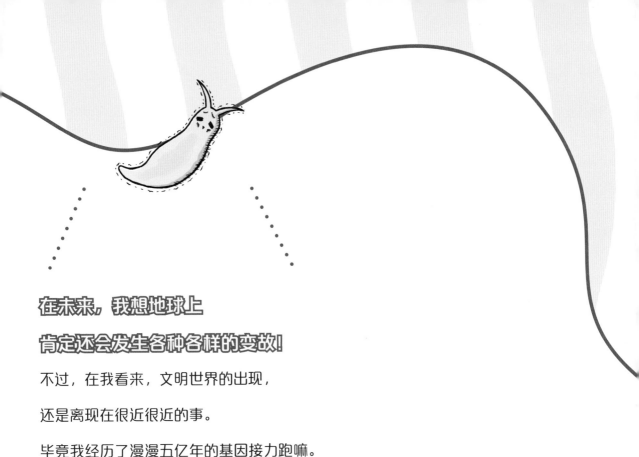

在未来，我想地球上
肯定还会发生各种各样的变故！

不过，在我看来，文明世界的出现，

还是离现在很近很近的事。

毕竟我经历了漫漫五亿年的基因接力跑嘛。

虽然我很弱小，

但一定能克服障碍，坚持下去。

因为你和我，以及一切生物的生命之力都是那么伟大！

不过……也要当心，不能因为强大就骄傲。

越是强大，越应该小心谨慎。

只要带有这样的意识，

不管什么危机，一定都能顺利渡过！

探究，就是推开惊喜与感动的世界之门

生命进化的故事，好看吗？

地球上有过许许多多的危机，它们以环境变化的形式表现出来。

火山喷发、陨石撞击、全球变冷、全球变暖……

威胁生命的危机连绵不断。
而古生物们，通过改变自身的形态和结构，克服这些危机。

今天，就在我们人类眼前，也发生了许许多多的环境变化。少子老龄化社会的到来、气候变化、病毒蔓延等……

在这些环境变化中，我们人类也能改变自己的形态和结构吗？
或者，我们可以运用智慧，改变思维方式吗？
我们能像弱小的古生物一样，实现人类自身的进化吗？

那将是未来的全体人类共同创作的挑战故事吧。

在我们司空见惯的身体中，隐藏着无数进化的秘密。

在了解新知识、获得新思想之后，原本司空见惯的日常景象，也会发生改变。
看到我们的身体，是不是也会产生稍许感激呢？
凝视自己的身体，是不是也会遥想古老的生物呢？

学到的新知识，能像醍醐灌顶一样，改变自己眼中所见的景象，
这正是学习的乐趣所在。

它是能给平淡的日常生活添加惊喜与感动的调味料。

在这本书里，你们读到的是关于"进化"的惊喜与感动。
而在这个世界上，还沉睡着数不胜数的惊喜与感动。

有些无比宏大。
这个宇宙是怎么诞生的?
构成地球的元素是怎么来的?

有些离我们很近。
蜂巢为什么是六边形的?
火山为什么会喷发?

追寻各种各样的"为什么?"，
就会见到各种各样的惊喜与感动。
"哇，太神奇了!"

通过探究，推开通往惊喜与感动的世界之门吧!

衷心期盼本书能够成为各位接受这一邀请的契机。

探究学舍讲师　向敦史

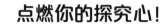

点燃你的探究心!

"探究学舍"是什么样的地方?

我们立致于开发学习兴趣班

我们是播撒惊奇与感动的种子,也是充满学习乐趣的魔法课堂。

我们会让孩子们找到"喜欢的事""想做的事",播撒下"想多了解!""想做做看!"的兴趣之种,点燃孩子心中的探究之火。

我们有缤纷多彩的主题,如"宇宙""生命""元素""算术""医疗""战国""经济""音乐""词汇"等,为孩子们送上惊奇与感动的学习体验。

参考文献

『ああ、愛しき古生物たち～無念にも滅びてしまった彼ら～』笠倉出版社　土屋 健

『リアルサイズ古生物図鑑 古生代編』技術評論社　土屋 健

『リアルサイズ古生物図鑑 中生代編』技術評論社　土屋 健

『ハルキゲニたんの古生物学入門 古生代編』築地書館　川崎悟司

『ハルキゲニたんの古生物学入門 中生代編』築地書館　川崎悟司

『はるか昔の進化がよくわかる ゆるゆる生物日誌』ワニブックス　種田ことび

『ならべてくらべる動物進化図鑑』ブックマン社　川崎悟司

图书在版编目（CIP）数据

天哪，我居然活下来了！古生物的演化故事 ／ 日本探究学舍编 ；丁子承译．—— 上海 ：华东师范大学出版社，2022
  ISBN 978-7-5760-3230-7

  Ⅰ．①天… Ⅱ．①日… ②丁… Ⅲ．①古生物－进化－普及读物 Ⅳ．① Q911.1-49

中国版本图书馆 CIP 数据核字 (2022) 第 162660 号

天哪，我居然活下来了！
古生物的演化故事

编	［日］探究学舍
译	丁丁虫（丁子承）
责任编辑	胡瑞颖
责任校对	李琳琳
装帧设计	冯逸珺

出版发行　华东师范大学出版社
社　　址　上海市中山北路 3663 号　　　邮编　200062
网　　址　www.ecnupress.com.cn
电　　话　021-60821666　　行政传真　021-62572105
客服电话　021-62865537　　门市（邮购）电话　021-62869887
地　　址　上海市中山北路 3663 号华东师范大学校内先锋路口
网　　店　http://hdsdcbs.tmall.com

印 刷 者　上海中华商务联合印刷有限公司
开　　本　787 毫米 ×1092 毫米　1/16
印　　张　8
字　　数　80 千字
版　　次　2022 年 10 月第 1 版
印　　次　2023 年 6 月第 2 次
书　　号　ISBN 978-7-5760-3230-7
定　　价　59.80 元

出 版 人　王 焰

（如发现本版图书有印订质量问题，请寄回本社客服中心调换或电话 021-62865537 联系）